我的STEAM遊戲書

建築動手讀

ARCHITECTURE Scribble Book

本書裡的各項建築，由本人動手完成：

作者／艾迪・雷諾茲 (EDDIE REYNOLDS)、達倫・斯托巴特 (DARREN STOBBART)

繪者／佩卓・邦恩 (PETRA BAAN)

設計／山繆・戈哈姆 (SAMUEL GORHAM)、艾蜜莉・巴登 (EMILY BARDEN)

翻譯／汜坤山

顧問／倫敦大學學院工程教育中心教授 夏儂・查恩斯 (SHANNON CHANCE)

遠流

目錄

認識從古至今的
建築風格。

利用
有限的材料
打造避難所。

探索自己的家，
了解建築師
怎麼思考。

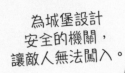

為城堡設計
安全的機關，
讓敵人無法闖入。

設計一座
別具風格的橋樑。

你想怎麼規劃
自己的夢幻住宅？

建築是什麼？

建築是設計與建造建築物的過程，一間房間、一棟房子，甚至整座城市都算是建築物，主導這個過程的靈魂人物是建築師。

建築師通常會從零開始設計新的建築物……

建築前　建築後

他們也會修復、改造或改善舊的建築物。

修復前　修復後

庭園

地景建築：
戶外空間設施。

公園

大部分建築師可設計各種建築物，也有一些建築師專門設計特定建築，比方說……

工廠　發電廠

工業建築：
大型工業用建築物，
例如工廠。

倉庫

使用太陽能板的
建築物

綠建築：
友善環境的
建築物。

迷你屋

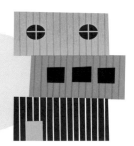

用再生材料
打造的建築物

為了讓建築物實用且安全，建築師必須從工程師的角度來思考；為了讓建築物美觀，他們得從藝術家的角度來思考。

這本書裡有什麼？

多數建築師在踏進工地之前，會先在紙上畫出自己的想法與設計圖。這本書裡有滿滿的點子，你可以……

Imagine
想像

設計
DESIGN

TEST
測試

BUILD
建造

SOLVE
解決 問題

你需要什麼？

想讀好這本書，大多時候只需要這本書本身和一枝筆。有些地方可能會用到膠水或膠帶，以及尺和剪刀。

連結

如果想下載書裡的樣板，請前往 ys.ylib.com/activity/STEAM/ARCH/。請大人幫忙列印，上網時也別忘了遵守線上安全的規則。

像建築師一樣思考

想像一下，如果你能創造任何你想要的建築物……

你想要蓋什麼？

從這些點子裡面挑一個，
或畫出自己的想法。

住家

宮殿

飯店

我想蓋：

> 回答下面的問題能幫助你規劃建築物，
> 這個過程稱為策略定義。

你想蓋在哪裡？

你的建築物會蓋在什麼地方呢？ 可先
寫出好幾個選項， 然後選一個。

山上？

城市？

海邊？

通常建築師受雇主
委託設計建築物，
會由雇主決定建築
物的類型和地點。

優點是什麼？

你選擇的地點有哪些優點？請寫出你的建築物會怎麼利用這些優點。

超棒的景色

房間有陽台？

收納衝浪設備的空間？

大窗戶？

靠近海灘

海灘用品專賣店？

缺點是什麼？

任何地點有優點也會有缺點，請舉出這個地點的不利條件，寫出你的建築物可以怎麼克服。

每個房間都裝壁爐？

冬天很冷

直升機停機坪？

交通不便

搭設登山吊椅？

哪些人會在你的建築物裡工作、生活，或偶爾出現呢？把他們寫在下面。

他們需要什麼？

使用建築物的人需要哪些空間和設施？

自行車騎士

安全停放腳踏車的地方

有置物櫃的更衣室

運動完方便沖澡的淋浴間

可補充水分的飲水機

建築師的設計圖

當你列好建築物的條件，接下來就是把它畫出來的時候，這叫做概念設計。下面的步驟能協助你畫出前一個單元規劃的建築物。

步驟 1

畫幾張草圖，描繪建築物看起來的樣子。建築師為了測試自己的想法，會快速畫出草圖。

只要大概畫出建築物的形狀及環境，不用考慮房間的格局等細節。

有些建築師把這個階段叫做「兩分鐘草圖」，因為每張草圖大約兩分鐘就能完成。

步驟2 製作平面設計圖。 以從上往下的角度畫出建築物的平面圖, 能幫助思考房間的形狀和格局。

這是一間民宿的平面設計圖, 圖中標示了各個不同功能的空間。

在平面設計圖中, 建築師會使用各種符號來表示不同的家具, 這些符號又稱為圖例。

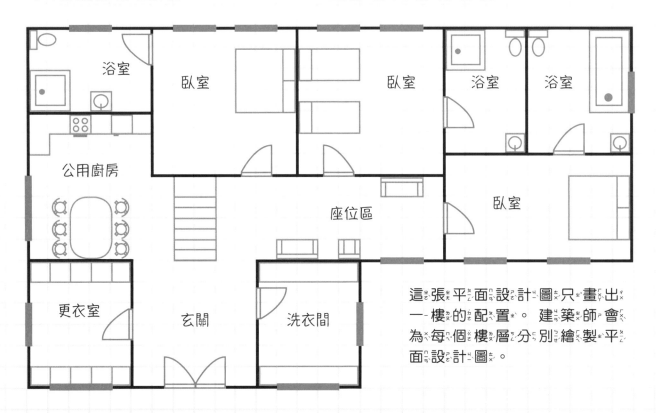

這張平面設計圖只畫出一樓的配置。 建築師會為每個樓層分別繪製平面設計圖。

把平面設計圖畫在方格紙上, 能讓它更加精確。

圖例

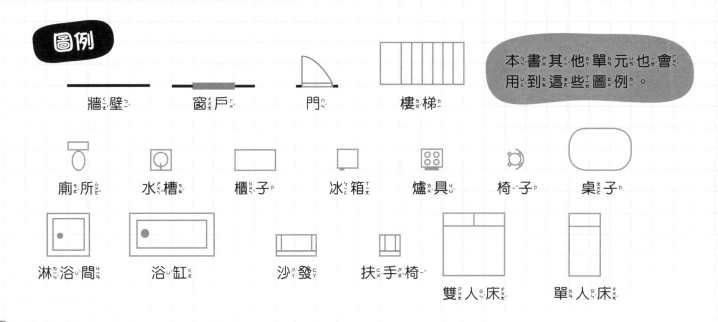

本書其他單元也會用到這些圖例。

利用左頁的圖例，畫出你的建築物的平面設計圖。

你的建築物有幾層樓？可以畫出每個樓層的平面設計圖。

你還想把什麼東西放進平面設計圖呢？為這些家具發明圖例。

步驟 3

正視圖可以呈現建築物正面的樣子，請為你的建築物畫一張正視圖。

想想看

入口明顯嗎？

有幾層樓？

屋頂是什麼形狀？

符合你在第 6～11 頁想到的點子嗎？

建築師通常會手繪平面設計圖和正視圖。

接著再畫 3D 繪圖，這種圖較複雜，通常得用電腦完成。

這是「電腦輔助設計」，簡稱 CAD，可幫建築師省下很多時間，也比手繪更精確。

建造磚牆

磚塊是用黏土燒成的長方體，堅固又耐磨，建築師常用它來建造牆。建築時，磚塊有不同排列方式，會形成不同圖案，下次可觀察看看。

順縫鋪砌法

籃紋鋪砌法

人字縫鋪砌法

這種工法很堅固，而且施工容易，所以相當常見。

這種工法美觀，但不像順縫鋪砌法那麼堅固。

這種工法不僅堅固，也具有裝飾性。

動手畫畫看

畫出一面磚牆，讓它帶有裝飾性的設計。

一些點子

彩色磚塊？

改變磚塊的排列方向？

設計可以透光的洞？

能讓人坐下的空間？

窗的形式

建築師要決定建築物每扇窗戶的形狀、尺寸與位置。下面是各種形式的窗戶以及特色。

長方形的窗做起來快速、容易且便宜。

窗戶可以做成各種形狀，特別的窗戶能讓建築物看起來獨一無二。

玻璃的顏色愈深，可以吸收愈多的熱，所以有些窗戶會染成較深的顏色，可減少刺眼的強光，並阻擋熱氣。

觀景窗：
由一整片玻璃構成，能讓室內光線充足，並提供寬廣視野，但通常打不開。

毛玻璃：
很難透視，適合用來保護隱私。

天窗：
裝在屋頂的窗戶，能讓更多光線照進屋裡。打開天窗也可以散熱。

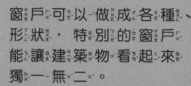
嚕啦啦……
我愛洗澡……

氣窗：
位在門上的窗戶。打開氣窗能讓空氣流動，有助於室內保持通風。

凸窗：
會突出牆面，能讓更多光線照進屋裡，提供廣闊的視野。

動手畫畫看

下面的建築物各有不同需求，請幫它們畫上適合的窗戶。

公寓大廈：
需要很多光線、寬廣的視野，浴室則要有隱私。

辦公大樓：
需要各種形狀的窗戶，讓它看起來獨特，但是室內不能太亮或太熱。

雜貨店：
通風要好，可從外面看到店內的商品。

馬可雜貨店

鮮明的建築風格

不同時代流行不同風格的建築。讀一讀下面的風格描述，然後在方框裡填入對應的建築物代碼。

☐ 古典的建築：
有一排排又高又細的柱子。屋頂的斜面平緩，通常為三角形，位在大門的上方。

☐ 現代主義建築：
有簡單的矩形結構，沒什麼裝飾，常使用混凝土、鋼鐵和玻璃等現代材料。

☐ 洛可可建築：
有很多裝飾和曲線結構。有一些建築裝飾、外牆會有金色裝飾，看起來閃閃發光。

☐ 羅馬式建築：
有很多圓拱結構、厚牆與小窗。

☐ 哥德式建築：
高聳且有尖拱結構，外牆有「飛扶壁」提供額外支撐。

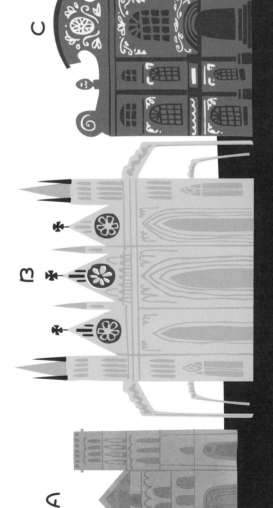

A   B   C   D   E

建築材料是什麼？

透明塑料

玻璃與混凝土

黑白風格

你的建築物長得什麼樣子？

洋蔥狀圓頂

又高又窄

三角碑

換你來發明

發明一種建築風格，然後畫出符合這種風格的建築物。

你也可以結合現有風格的特色，創造出新的風格，這又稱為「複合式風格」。

圓圓的屋頂

圓頂有數千年歷史，但這種形狀很難建造，而且古時建材是沉重的石頭，建築師得想辦法支撐。

約600年前，建築師布魯內列斯基為聖母百花大教堂設計了寬圓頂。

他在內部的圓頂（綠色）外面又蓋了一層大圓頂（桃紅色）。

大約300年前，雷恩爵士為聖保羅大教堂設計圓頂（桃紅色），並以磚造的中空圓錐（綠色）做為支撐。

下方有小型圓頂（橘色）遮住磚造中空圓錐。

新穎的建築材料讓建築師能做出新型的曲面結構，例如網格穹頂或屋頂。

網格結構使用連續的三角形平面，組合成輕巧但堅固的曲面。

這是英國建築師佛斯特在西元2000年，為大英博物館的中庭設計的網格屋頂，鋼架上共連接了 3312 片三角形玻璃窗。

佛斯特用電腦計算出每片三角窗的尺寸，這個屋頂使用到的每面三角窗，形狀和尺寸都有些微不同。

打造網格穹頂

把樣板影印下來，或從 ys.ylib.com/activity/STEAM/ARCH/ 下載。依照說明，自己動手做出網格穹頂。

這個穹頂中有兩種不同的三角形。

沿著黑線把圖形剪下來。

沿著藍線把三角形摺起。

在這裡塗上膠水或用透明膠帶固定。

翻到下一頁，看看完成的穹頂長什麼模樣。

做完的穹頂看起來像這樣！

冰屋

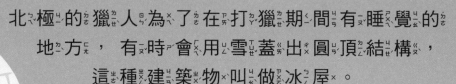

北極的獵人為了在打獵期間有睡覺的
地方，有時會用雪蓋出圓頂結構，
這種建築物叫做冰屋。

冰屋

冰屋的建造過程使用了五種特
別的設計，讓它溫暖又安全。

1

讓半融化的雪重
新結凍形成平滑
又堅固的冰塊，
蓋出厚牆。

2

冰屋周圍有
另一道牆。

3

用棍子戳穿牆，
形成小洞。

4

底部寬度不超過
三公尺。

5

從地下通道
進入冰屋，
而不是在牆
上開洞。

上面提到的五種特色，各自解決了下列哪個
問題？請在白色方格中填入對應的編號。

A	B	C	D	E
強風和暴風雪可能會把冰屋吹倒。	牆壁太薄或不平穩，可能讓冰屋塌陷。	如果冰屋底部太寬，可能會倒塌。	獵人需要足夠的空氣呼吸。	若太多冷空氣進入，屋內溫度會太低。

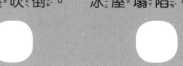

地景設計

設計與布置庭園或公園等戶外空間的人，稱為地景建築師，他們怎麼進行設計？

動手畫一畫看看，把公園的設計畫成泡狀圖。

運動跑道？

鞦韆？

溜滑梯？

野餐區？

公園裡可能有……

步驟 1

首先，地景建築師會畫一一張簡單的泡狀圖，大致畫出每種建築物或物件的位置。

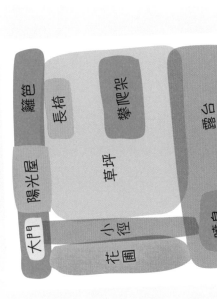

陽光屋　籬笆

大門　長椅

草坪　攀爬架

小徑　露台

花圃　噴泉

這是後花園的泡狀圖。

利用圖例，畫出更詳細的公園細部平面圖。

步驟 2

接著，建築師會用圖例，畫出更詳細的平面圖，精確標示出位置。

這是之後花園的細部平面圖。

如果有其他想放進公園的建築物或物品，可以自己發明圖例。

圖例

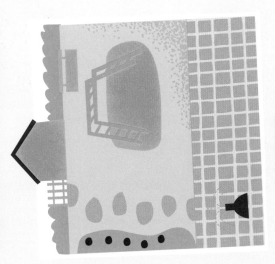

長椅　花園　石頭　攀爬架

建築物　籬笆　露台　噴泉

物盡其用

古時人類只能用他們找得到的東西來蓋避難所，例如石頭、木棍和動物毛皮。

以下是一些材料，以及使用方法。

藤蔓
特性：輕、強韌、有彈性。

用來製作繩索

動物毛皮
特性：防水、保暖。

屋頂或牆壁的材料

樹枝與木棍
特性：輕、堅硬、挺拔。

可用來支撐屋頂

長長的草與葉子
特性：輕、軟、保暖。

屋頂材料

石頭
特性：重又堅硬，可儲熱後釋放，讓室內保持溫暖。

牆壁

泥巴
特性：容易塑形，乾燥後會變硬，可以儲熱，並在環境變冷時釋放。

把物體黏起來

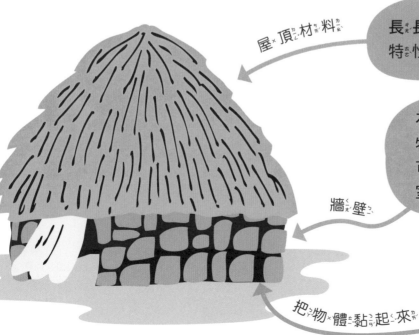

利用左頁中的材料
設計一個避難所。

在潮溼、寒冷的地方……

防水和保暖
相當重要

在風很大的地方……

屋子必須夠堅固

茂密的樹可阻擋冷風

風向

←

門的位置要避開風的方向，減少冷空氣進入室內。

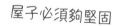

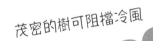

修復遺跡

建築物會隨著時間而崩塌，或是在災禍中受損。有些建築師會用專業技術，修復受損的建築物和古老遺跡。

建築師先觀察遺跡，想像它原本的模樣。

接著跟歷史學家合作繪製設計圖，畫出建築物的輪廓。

有些遺跡可以用原本的石材來修復。

這座古老的希臘神廟崩塌了，毀損的建築物應該用哪塊石材來填補呢？請畫線把每個缺口與適合的石材連起來。

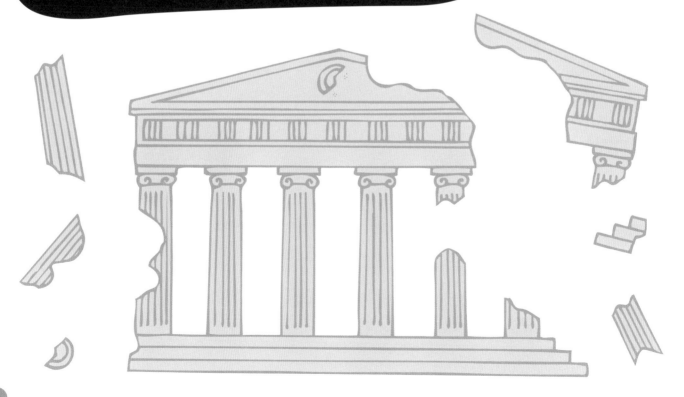

有一座中國宮殿在經歷大火之後需要修復，
於是建築師畫出了下面的設計圖……

請你完成這張還沒畫完的設計圖。 灰色部分代表遺跡，藍色線條代表目前畫出的建築物外型。

這座宮殿是對稱的，也就是說左右兩邊是彼此的鏡像。

為了讓構圖保持對稱，先在設計圖上找一個點。

算一算，這個點與中線距離多少個方格？

在另一邊畫出同樣長度的線段。

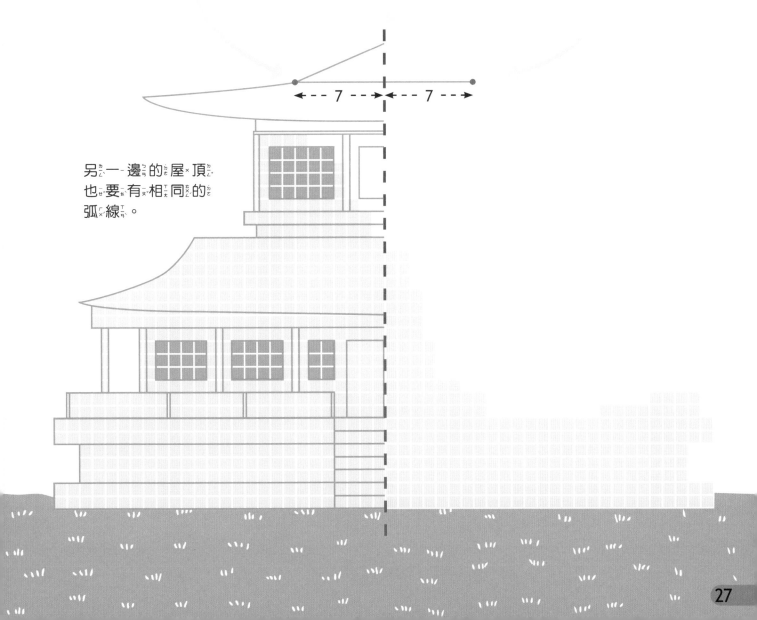

7

7

另一邊的屋頂也要有相同的弧線。

住家大調查

你住的屋子有哪些特別的地方？ 把它記錄下來，
想想看建築師在設計時考慮過的事。

建築材料是什麼？

觀察一下你家的外觀， 是否使
用了下面這些材料？ 它們各自
出現在哪個部分？

石頭或磚塊	木頭	塑膠	玻璃	金屬

牆壁

多數建築物都有中空的牆，
裡面有管線、 電線和隔熱層。
敲敲看你家的牆壁……

如果產生比較深沉
和響亮的聲音， 並
且有輕微的振動，
那就是中空牆。

如果沒什麼聲音，
且幾乎不會振動，
那就是實心牆。

選一間房間來測試。

這個房間是：

走進房間， 然後輕敲每
面牆， 有幾面牆聽起來
是中空的？ 幾面牆聽起
來是實心的？

中空牆： 　　　　實心牆：

室內採光

每個房間的窗戶方向能決定有多少陽光照進室內，以及哪個時段最亮。

找個晴天，從你家選兩個房間來比較，它們各自在哪個時段最明亮？

挑選可以看到開闊景色的房間，光線才不會被擋住。

房間 1：

最亮的時段：⚪ ⚪ ⚪
　　　　　早上　下午　整天
　　　　　　　　　　都一樣

房間 2：

最亮的時段：⚪ ⚪ ⚪
　　　　　早上　下午　整天
　　　　　　　　　　都一樣

你的房間朝哪個方向？

如果房間在早上最明亮，窗戶大致朝向東方，因為太陽從東邊升起。

在赤道以北的地方，如果房間整天都很亮，窗戶一定是朝南，面向太陽；在赤道以南的地方則是朝北。

如果房間在下午時最亮，窗戶大約朝向西方，因為太陽會從西邊落下。

建築師通常會讓臥室朝東，這樣你起床時房間會最亮。

畫室通常會背向陽光，這樣才有穩定的光線，避免產生明顯的陰影。

在下午和傍晚常用到的房間適合有朝西的窗戶。

奇思妙想的建築

有一些建築師因為設計出特別的建築作品而聞名，
他們用各種形狀創造鮮明又活潑的風格。

建築師漢德瓦薩
出生於奧地利，
他的設計作品中
常出現……

(1928-2000)

(1852-1926)

西班牙建築師高
第有很多招牌特
色，例如……

植物

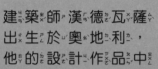

尖塔

不規則曲線

不重複的圖形

有圖樣
的彎曲
煙囪

不協調
的窗戶

有屋脊
的屋頂

外突的房
間和陽台

明亮的
磁磚

奇形怪狀
的窗戶

漢德瓦薩非常不喜
歡直線，他曾說：

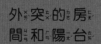

直線會導致人類
的墮落！

拱門與
柱子

請你為下面的空白建築物畫上吸睛的設計，並在中間的空白處畫出具有你的獨特個人風格的建築物。

一些點子

鏡面建築物？

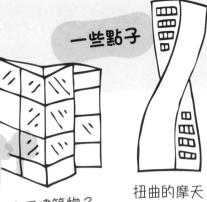
扭曲的摩天大樓？

球形建築物？

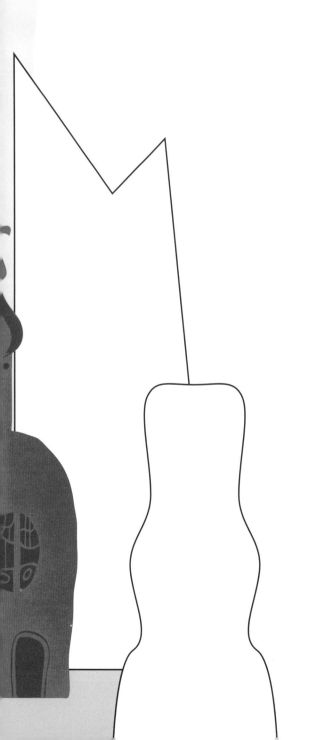

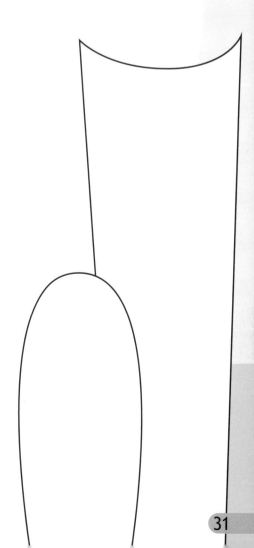

防範淹水

如果建築物靠近海邊或蓋在經常下大雨的地方，就有可能會淹水。建築師會研究這項風險，設計出可以抵擋水災的建築物。

易淹水的地方稱為洪汜區，這張圖說明不同地區淹水的機率。

高風險區
中風險區
低風險區
無風險區

漁人之丘
船溪街
蟹角路
燈塔巷
渡船通道
螃蟹街
帆尾巷
珊瑚圓環
崖邊路
貝殼街
鵝卵石路
牡蠣巷
水母大道
藤壺大道
皇后大橋
潮彎道

這三個人正在蓋新房子，比一比每個地點的淹水風險，風險最低的是第 1 名，最高是第 3 名。

我家在螃蟹街
名次：1／2／3

我家在崖邊路
名次：1／2／3

我家在鵝卵石路
名次：1／2／3

高風險洪氾區的房屋要如何抵抗洪水？請畫出你的設計，可以參考下面的點子。

一些點子

為門縫加上塑膠封條

增加房子的高度

把房子蓋在漂浮地基上

安裝抽水機和水管

把房間蓋在高樓層

縮小尺寸

建築師會把建築物中所有物件的尺寸依照同樣的
比例縮小， 製作精確的縮尺圖。

博物館咖啡廳
的縮尺圖。

比例尺：1 公尺

這張方格紙上， 每個方格
的寬度是 1 公分， 從比例
尺可知圖裡的 1 公分代表
實際上的 1 公尺。

廚房

咖啡廳

洗手間

這個比例也可以寫成 1：100，
因為 1 公分代表 100公分。

這道綠色的牆在平
面圖上是 6 公分，
實際上長 6 公尺。

紫色的牆
有多長？ _____ 公尺

橘色的牆
有多長？ _____ 公尺

下面這些展示品的縮小圖， 是依照
不同的比例畫出來的， 你能算出它
們的真實尺寸嗎？

你會需要
一把尺。

以第一項展示品的比例
來說， 圖中的 1 公分
實際上代表 40 公分。

這張圖寬 5.5公分，
所以展示品實際
的寬度是：

5.5 × 40 ＝ 220 公分

1:40

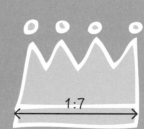

1:7

1:30

220 公分

_____ 公分

_____ 公分

這張平面圖是博物館局部的縮尺圖，
請把各個展示品放入正確的展覽間。

歷代帽子的
展示櫃
2.5公尺×1公尺

真實大小的
三角龍模型
8公尺×3公尺

火星探測
車的模型
3公尺×2.5公尺

古代罐子
展示品
0.5公尺×2公尺

比例尺：1公尺

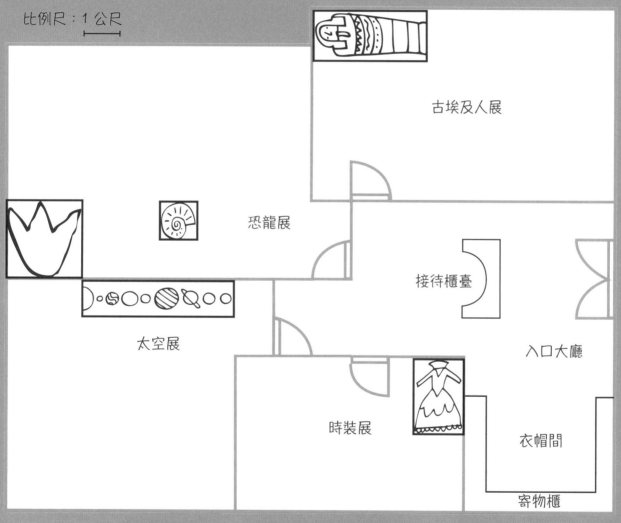

古埃及人展

恐龍展

太空展

接待櫃臺

入口大廳

時裝展

衣帽間

寄物櫃

把展示品擺入
後，是否還有
空間放⋯⋯

太空火箭
模擬器？
4公尺×2.5公尺

是／否

人面獅身像？
4公尺×2公尺

是／否

答案會因為展示品的
擺放位置而不同。

35

冬暖夏涼

讓建築物保持溫暖或涼爽都需要能源， 使用愈少能源對環境愈友善， 最好是提供能源的設備不會傷害地球。

利用頁面兩旁的提示， 設計一棟建築物。 讓它不需要使用太多能源就能調節溫度。

保持溫暖的方法

吸收熱量

深色的塗料或材料比淺色的更能吸熱。

太陽能收集器裡面有水，能吸收太陽放出的熱……

透過水塔和水管把熱水送到建築物各處。

風力發電機在風中旋轉能產生電。

自行產生能源讓暖氣運轉

太陽能板把陽光的能量變成電。

人們踩在地磚上面就能發電。

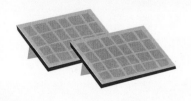

保持涼爽的方法

屋頂種植物能阻擋陽光，保持建築物涼爽。

隔絕熱氣

閃亮的淺色表面能反射熱。

窗戶上方的遮篷能阻擋部分陽光。

窗戶和開口能讓空氣自由流動。

讓空氣流通

排氣口有助於排出不新鮮的熱氣。

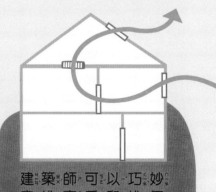

建築師可以巧妙安排窗戶和排氣口的位置，讓空氣在建築物裡自然流動，這叫做被動式通風。

迷你住宅

隨著人口增加，每個人擁有的空間愈來愈少。有些城市例如東京和香港，出現愈來愈多小房子，它們被稱為小住宅或微型住宅。小住宅可以⋯⋯

蓋在窄窄的巷子裡

當做海灘小屋

用貨櫃改建

愈來愈多人對小住宅感興趣，甚至發起了小房子運動。小住宅的建造和維持需要的資源比較少，也比較環保。

用倉庫改建

小住宅必須容納所有必要的家具，得透過巧妙的方法，盡可能把所有東西裝進小空間裡。

夾層讓你能充分利用空間。

天窗

燈

儲藏室

床

椅子或沙發

電視

廚具

廁所

淋浴間

洗手檯

冰箱

動手畫畫看

有位建築師要在這條巷子裡蓋一間小住宅，請你畫出房子的輪廓，以及裡面的家具。

如何創造更多空間，裝下每樣家具？

在屋頂淋浴？

可靠牆收納的床？

地下儲藏空間？

伸縮電視架？

屋頂花園？

把床架高？

摺疊式書桌？

用梯子取代樓梯？

愈蓋愈高

愈來愈多人在城市裡生活與工作，其中一種增加空間的方法是往上蓋，但這對建築師來說是挑戰……

建築物蓋愈高，可能愈容易……

傾斜

陷進土裡

扭曲變形

建築師會製作模型來測試設計是否穩固。你可以利用廢紙和膠帶製作建築物模型，看看你能蓋多高。

試試這些點子，或自己想一個。

你可以把紙捲成細細的紙管。

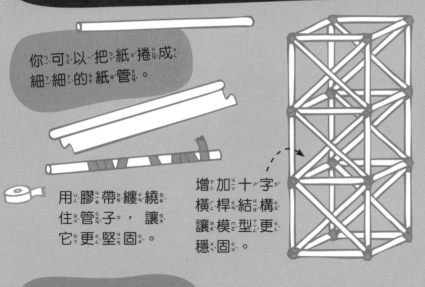

用膠帶纏繞住管子，讓它更堅固。

增加十字橫桿結構讓模型更穩固。

你可以把紙捲成寬寬的柱子，用來支撐樓板。

讓底部重一點，建築物比較不會倒塌。

你可以用三角柱搭建高高的結構。

拿一張紙，把長邊對摺。

接著摺兩次，形成三角柱。

用膠帶黏起來。

疊起三角柱，用膠帶固定。

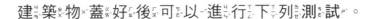

建築物蓋好後可以進行下列測試。

在這裡畫出完成的建築物模型。

測量高度，建築物有多高？

建築物是直挺挺的，還是有點歪歪斜斜？

直挺／歪斜

測試建築物的抗風性。用這本書朝著站立的建築物搧風，建築物容易搖晃嗎？

容易／不太容易／很難

測試建築物的強度。把這本書放在建築物上，它能支撐書的重量而沒有倒塌嗎？

是／否

為你的建築物取名字。

樹籬迷宮

在 16 世紀的歐洲， 用樹籬做成的迷宮是很受歡迎的休閒設施。 地景建築師常會在公園或莊園裡，設計一座樹籬迷宮， 下面是其中一種設計方法。

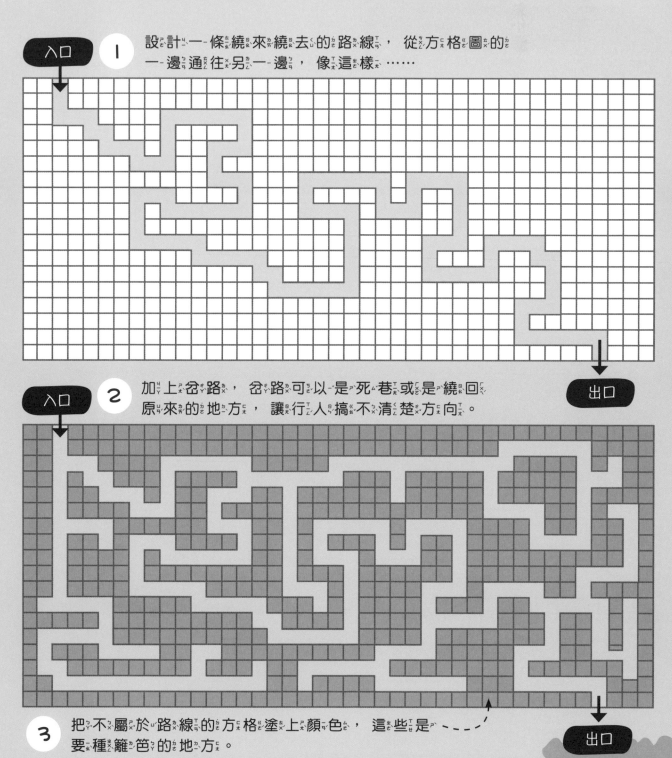

入口 **1** 設計一條繞來繞去的路線， 從方格圖的一邊通往另一邊， 像這樣……

出口

入口 **2** 加上岔路， 岔路可以是死巷或是繞回原來的地方， 讓行人搞不清楚方向。

3 把不屬於路線的方格塗上顏色， 這些是要種籬笆的地方。

出口

換你來設計

利^为用^出方^岱格^紙圖^坛，為^尺這^坐座^尺宏^左偉^尺的^分莊^坐園^沿設^凡計^叫樹^尺籬^为迷^ㄇ宮^紙。

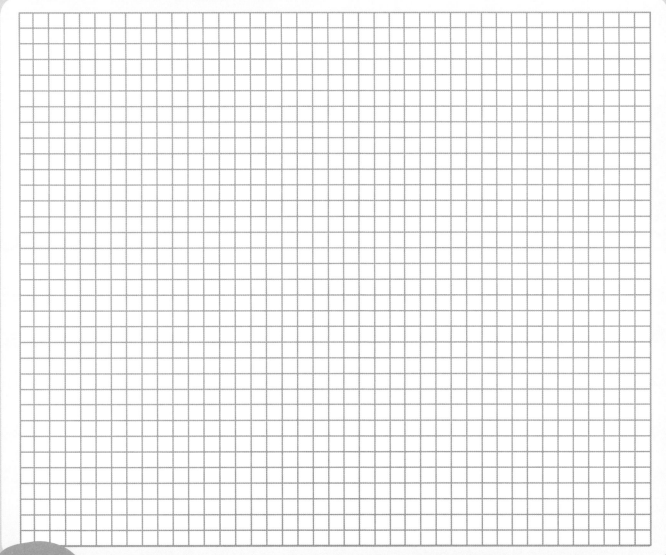

我迷路了！

別^分忘^尤了^为要^坛有^尺入^尺口^尺和^尺出^尺口^尺喔^尺。

三 移動式建築

有些建築師會設計可移動的建築，
能從原本的地點移到另一個地點。

換你來設計

想想看它需要移動的原因，以及移動
的方法。最下方是兩則真實的例子。

名　　稱：露營車
地　　點：全世界
移動方式：配備引擎與車輪
移動原因：參觀各地的景點

名　　稱：哈雷研究站
地　　點：南極
移動方式：用卡車載運，可
　　　　　橫跨冰原
移動原因：遠離裂開的冰層

遠離災害

為ㄨㄟˋ什ㄕㄣˊ麼ㄇㄛ˙要ㄧㄠˋ
移ㄧˊ動ㄉㄨㄥˋ？

到各地探索

隨季節移動

用起重機
吊起

漂在水上

移ㄧˊ動ㄉㄨㄥˋ的ㄉㄜˊ
方ㄈㄤ式ㄕˋ？

裝上輪子

用直升機載運

我的移動式建築

名　　稱：

地　　點：

移動方式：

移動原因：

在樹上生活

早在幾千年前，人類就會建造樹屋並住在裡面。

樹屋的建造不能危害到樹木原本的生長。

樹屋通常建造在樹幹周圍，並利用最堅固的樹枝來支撐。

有些樹屋會橫跨好幾棵樹，使用吊橋來連接。

多數樹屋用木頭建造而成，能融入環境。

用螺絲會傷害樹，最好把東西固定在樹的周圍，架在樹木上。

像這樣的托架可增加支撐強度。

利用滑輪系統取代梯子，上下樹屋。

Zzz

嘿唷！

支柱也能支撐樹屋的重量。

換你來設計

利^{ㄌㄧ}用^{ㄩㄥ}左^{ㄗㄨㄛ}頁^{ㄧㄝ}的^{ㄉㄜ}點^{ㄉㄧㄢ}子^ㄗ，為^{ㄨㄟ}下^{ㄒㄧㄚ}面^{ㄇㄧㄢ}
這^{ㄓㄜ}棵^{ㄎㄜ}樹^{ㄕㄨ}設^{ㄕㄜ}計^{ㄐㄧ}樹^{ㄕㄨ}屋^ㄨ。

綺理花磚

大ㄉㄚ約ㄩㄝ 800 年ㄋㄧㄢ前ㄑㄧㄢ， 亞ㄧㄚ洲ㄓㄡ和ㄏㄜ非ㄈㄟ洲ㄓㄡ部ㄅㄨ分ㄈㄣ地ㄉㄧ區ㄑㄩ的ㄉㄜ建ㄐㄧㄢ築ㄓㄨ師ㄕ會ㄏㄨㄟ設ㄕㄜ計ㄐㄧ華ㄏㄨㄚ麗ㄌㄧ的ㄉㄜ圖ㄊㄨ案ㄢ來ㄌㄞ裝ㄓㄨㄤ飾ㄕ建ㄐㄧㄢ築ㄓㄨ物ㄨ， 這ㄓㄜ種ㄓㄨㄥ圖ㄊㄨ案ㄢ叫ㄐㄧㄠ綺ㄑㄧ理ㄌㄧ圖ㄊㄨ案ㄢ。

這ㄓㄜ些ㄒㄧㄝ編ㄅㄧㄢ號ㄏㄠ 1 到ㄉㄠ 5 的ㄉㄜ形ㄒㄧㄥ狀ㄓㄨㄤ上ㄕㄤ各ㄍㄜ有ㄧㄡ固ㄍㄨ定ㄉㄧㄥ的ㄉㄜ線ㄒㄧㄢ條ㄊㄧㄠ。 建ㄐㄧㄢ築ㄓㄨ師ㄕ會ㄏㄨㄟ利ㄌㄧ用ㄩㄥ它ㄊㄚ們ㄇㄣ來ㄌㄞ排ㄆㄞ列ㄌㄧㄝ圖ㄊㄨ案ㄢ。

這ㄓㄜ五ㄨ種ㄓㄨㄥ形ㄒㄧㄥ狀ㄓㄨㄤ叫ㄐㄧㄠ做ㄗㄨㄛ綺ㄑㄧ理ㄌㄧ磚ㄓㄨㄢ。

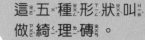

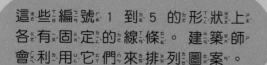

1 2 3 4 5

把ㄅㄚ這ㄓㄜ些ㄒㄧㄝ白ㄅㄞ色ㄙㄜ的ㄉㄜ圖ㄊㄨ形ㄒㄧㄥ拼ㄆㄧㄣ在ㄗㄞ一ㄧ起ㄑㄧ，
上ㄕㄤ面ㄇㄧㄢ的ㄉㄜ線ㄒㄧㄢ條ㄊㄧㄠ會ㄏㄨㄟ連ㄌㄧㄢ成ㄔㄥ綺ㄑㄧ理ㄌㄧ圖ㄊㄨ案ㄢ。

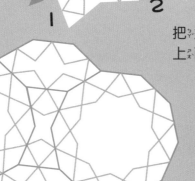

不ㄅㄨ同ㄊㄨㄥ的ㄉㄜ排ㄆㄞ列ㄌㄧㄝ
方ㄈㄤ式ㄕ能ㄋㄥ產ㄔㄢ生ㄕㄥ
不ㄅㄨ同ㄊㄨㄥ的ㄉㄜ綺ㄑㄧ理ㄌㄧ
圖ㄊㄨ案ㄢ。

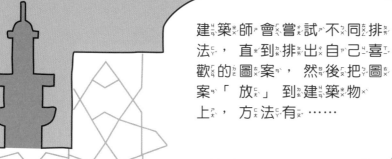

建ㄐㄧㄢ築ㄓㄨ師ㄕ會ㄏㄨㄟ嘗ㄔㄤ試ㄕ不ㄅㄨ同ㄊㄨㄥ排ㄆㄞ
法ㄈㄚ， 直ㄓ到ㄉㄠ排ㄆㄞ出ㄔㄨ自ㄗ己ㄐㄧ喜ㄒㄧ
歡ㄏㄨㄢ的ㄉㄜ圖ㄊㄨ案ㄢ， 然ㄖㄢ後ㄏㄡ把ㄅㄚ圖ㄊㄨ
案ㄢ「 放ㄈㄤ」 到ㄉㄠ建ㄐㄧㄢ築ㄓㄨ物ㄨ
上ㄕㄤ， 方ㄈㄤ法ㄈㄚ有ㄧㄡ……

刻ㄎㄜ在ㄗㄞ
石ㄕ牆ㄑㄧㄤ上ㄕㄤ

鋪ㄆㄨ排ㄆㄞ
釉ㄧㄡ面ㄇㄧㄢ磚ㄓㄨㄢ

綺ㄑㄧ理ㄌㄧ圖ㄊㄨ案ㄢ常ㄔㄤ
出ㄔㄨ現ㄒㄧㄢ在ㄗㄞ清ㄑㄧㄥ真ㄓㄣ
寺ㄙ和ㄏㄜ其ㄑㄧ他ㄊㄚ伊ㄧ
斯ㄙ蘭ㄌㄢ建ㄐㄧㄢ築ㄓㄨ。

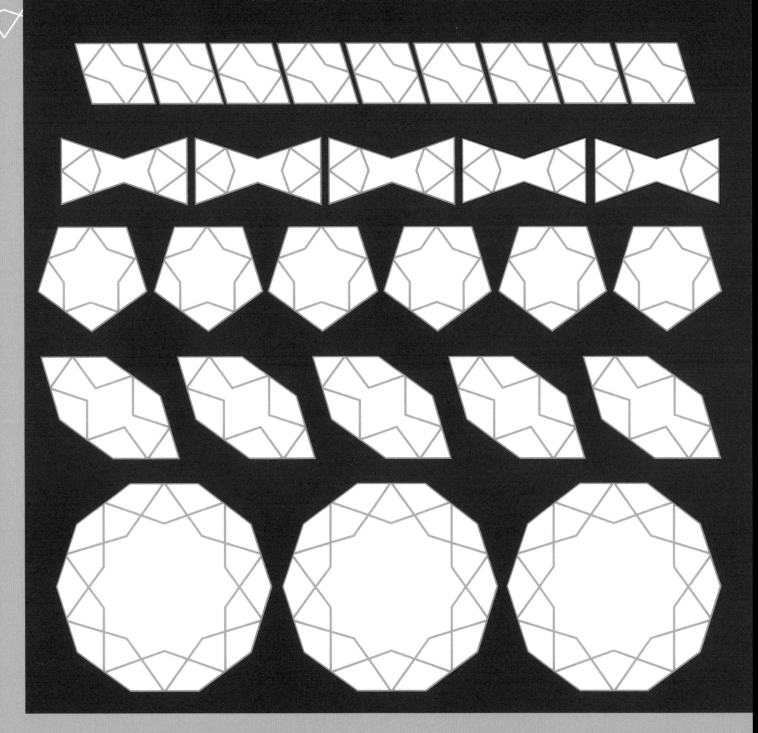

動手做做看 按照下面的指示，創造出你的綺理圖案。

把這個樣板影印下來，或從 ys.ylib.com/activity/STEAM/ARCH/ 下載。可以多印幾張，準備足夠的綺理磚來排列。

 沿著藍線剪下綺理磚，然後用不同的方式把它們拼起來。

 只要排出喜歡的圖案，就把它畫或黏在第 51 頁的建築物上。

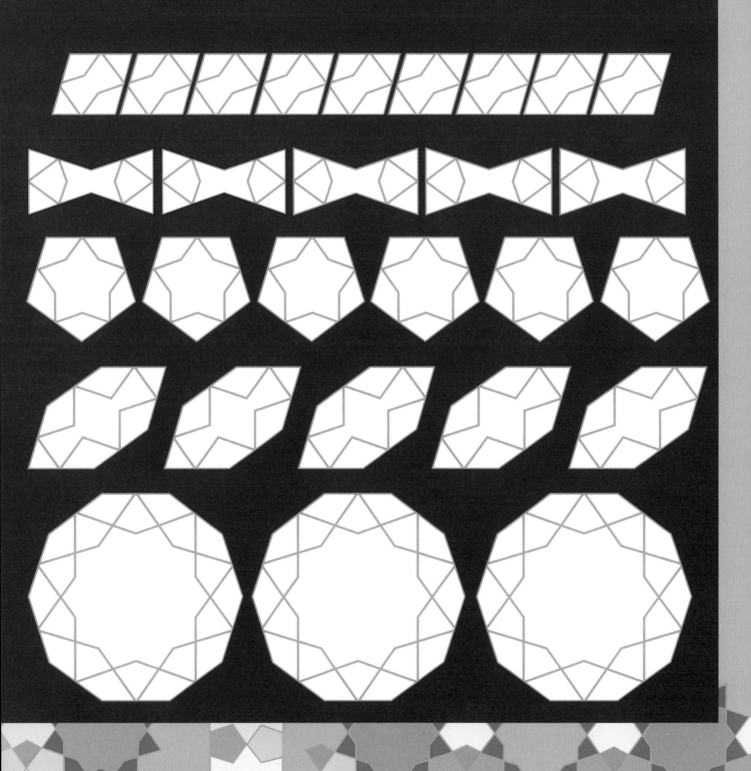

你的傑作

把你的綺理圖案畫或黏在下面的空白，然後塗上顏色，讓這面牆的色彩看起來明亮、豐富又活潑。

保衛家園！

數百年前，建築師設計城堡時，會盡可能讓它能以難以被敵人入侵。把城堡蓋在懸崖或峭壁上，讓敵人很難爬上去。

高塔方便尋找遠方的敵人。

狹窄的箭孔可保護「弓箭手」，較不會受到敵人攻擊。

城垛可阻擋敵人射來的箭。

突出的結構上是開放的平台，可以潑灑熱麗熱油。

這種金屬柵欄叫閘門，降下可阻擋敵人。放下可阻擋敵人。

升降式吊橋。

圓形的城牆的防禦力比有稜角的城牆還要好。

這是外城牆。城堡裡面通常還有第二道城牆。

救命啊！

把城堡蓋在沼澤附近，讓敵人陷入泥沼。

護城河裡有尖銳的木樁，能加強渡河的難度。

衝啊！

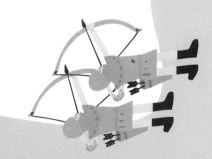

換你來設計

參考上面的點子，設計一座
堅固又安全的城堡，讓它能
承受敵人猛烈的攻擊。

祕密花園

祕密花園具有隱密性，待在這種平靜祥和的空間讓人感到放鬆。你會在祕密花園裡面放些什麼？把點子寫在下方。

讓鳥唱歌
棲息的樹枝

什麼景觀令
人放鬆？

玫瑰花園

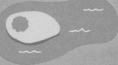

湖中小島上

祕密花園蓋
在哪裡？

屋頂上

隱藏在
樹林裡

我的祕密花園

隱密地點：

祕密入口：

特色：

章魚造型
噴泉

祕密花園
的特色？

樹籬迷宮

仙人掌園

能感應動作
的暗門

如何隱藏
大門？

偽裝成
樹木的樣子

爬滿長春藤
的木拱門

動手畫畫看

為ㄨㄟˋ你ㄋㄧˇ的ㄉㄜ˙祕ㄇㄧˋ密ㄇㄧˋ花ㄏㄨㄚ園ㄩㄢˊ畫ㄏㄨㄚˋ一ㄧ張ㄓㄤ設ㄕㄜˋ計ㄐㄧˋ圖ㄊㄨˊ。

可ㄎㄜˇ以ㄧˇ畫ㄏㄨㄚˋ
泡ㄆㄠˋ狀ㄓㄨㄤˋ圖ㄊㄨˊ
(第 22 頁)

建築物

用ㄩㄥˋ圖ㄊㄨˊ例ㄌㄧˋ畫ㄏㄨㄚˋ
出ㄔㄨ平ㄆㄧㄥˊ面ㄇㄧㄢˋ圖ㄊㄨˊ
(第 23 頁)

樹

花圃

長椅

或ㄏㄨㄛˋ是ㄕˋ畫ㄏㄨㄚˋ一ㄧ張ㄓㄤ
兩ㄌㄧㄤˇ分ㄈㄣ鐘ㄓㄨㄥ草ㄘㄠˇ圖ㄊㄨˊ
(第 9 頁)

重新裝潢

多數建築物拆除部分的牆還是能屹立不搖。但承重牆承載了建築物的重量，一旦拆掉，建築物就會倒塌，除非加上額外的支撐結構。

在這張平面設計圖中，黑線代表承重牆。

這張平面圖只畫出牆的配置。支撐地板和天花板的樑和托樑，也能保持建築物屹立不搖。

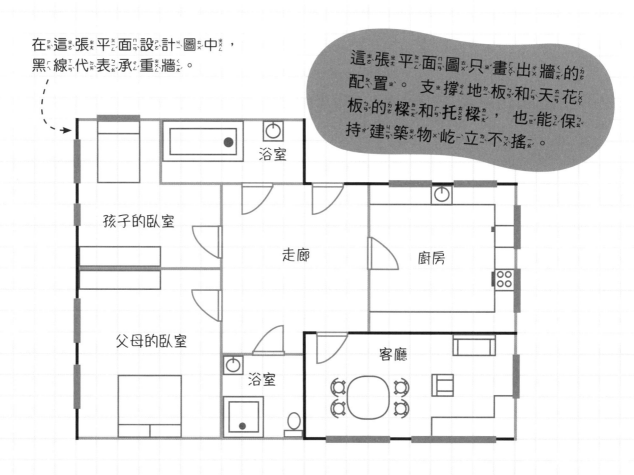

浴室

孩子的臥室

走廊

廚房

父母的臥室

浴室

客廳

這家人住在上面這間房子裡，他們希望改變屋內的配置……

打通廚房和客廳，變成一個大空間。

增加一間臥室，朋友和親戚就能留下過夜。

我們的房間想增加一個有浴缸的浴室。

讓我的臥室更大一點！

承重牆必須保留，但你可以移動或拆除其他牆面，也可以增加新牆，或是改變每個房間的位置，重新安排家具。

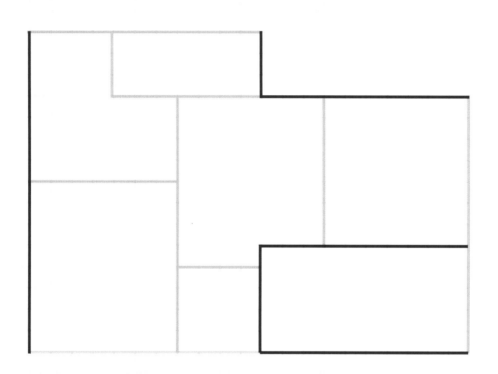

沒有支撐功能的建築外牆叫帷幕牆。右邊這棟建築物有玻璃帷幕牆。

帷幕牆

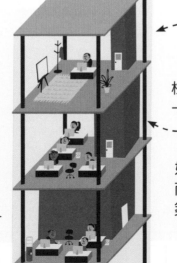

桃紅色是建築物裡的承重牆。

柱子也能分擔一些重量。

如果帷幕牆因為惡劣的天氣而損壞，只要有承重牆，建築物還是能屹立不搖。

造型房屋

建築師可發揮創意，打造獨特的牆、窗、門和屋頂的配置，使建築物具有獨特造型。

換你來設計

選一樣東西，設計一棟看起來和它很像的建築物。旁邊有一些點子讓你參考。

汽車屋

地　　點：奧地利
設 計 師：馬庫斯‧沃格萊特
看起來像：汽車

阿拉伯塔

地　　點：杜拜
設 計 師：湯姆‧萊特
看起來像：船帆

快問快答

你_{ㄋㄧˇ}覺_{ㄐㄩㄝˊ}得_{ㄉㄜˊ}這_{ㄓㄜˋ}兩_{ㄌㄧㄤˇ}棟_{ㄉㄨㄥˋ}建_{ㄐㄧㄢˋ}築_{ㄓㄨˊ}物_{ㄨˋ}
看_{ㄎㄢˋ}起_{ㄑㄧˇ}來_{ㄌㄞˊ}像_{ㄒㄧㄤˋ}什_{ㄕㄣˊ}麼_{ㄇㄜ}？

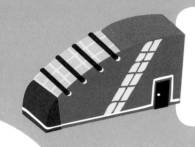

看_{ㄎㄢˋ}起_{ㄑㄧˇ}來_{ㄌㄞˊ}像_{ㄒㄧㄤˋ}：

看_{ㄎㄢˋ}起_{ㄑㄧˇ}來_{ㄌㄞˊ}像_{ㄒㄧㄤˋ}：

我的造型建築物

地　　點：

設 計 師：

看起來像：

搭起一座橋

建築師會跟工程師一起建造橋樑，這些橋不只堅固又耐用，看起來還很美觀。
以下是三種橋樑的基本結構：

拱橋是最普通的橋樑形式。

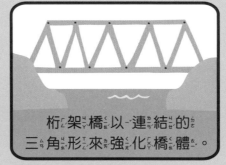
桁架橋以連結的三角形來強化橋體。

吊橋用鋼索來支撐橋體的重量。

建築師可在這些基本架構上增加其他引人注目的設計。

裝飾性的結構？

選一種橋樑，在空白處畫下它的基本結構，再加入你的設計巧思。

塔樓？

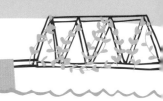
種滿植物？

回收再利用

人類每年產生幾十億公噸的廢棄物。 如果建築師可以重複利用這些廢棄物， 有助於垃圾減量。

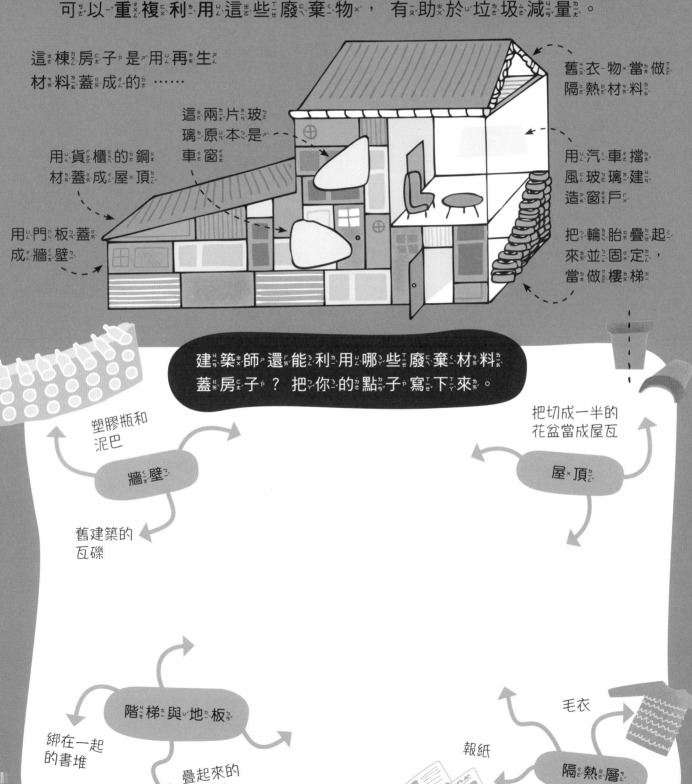

這棟房子是用再生材料蓋成的……

這兩片玻璃原本是車窗

用貨櫃的鋼材蓋成屋頂

用門板蓋成牆壁

舊衣物當做隔熱材料

用汽車擋風玻璃建造窗戶

把輪胎疊起來並固定，當做樓梯

建築師還能利用哪些廢棄材料蓋房子？ 把你的點子寫下來。

塑膠瓶和泥巴

牆壁

舊建築的瓦礫

把切成一半的花盆當成屋瓦

屋頂

階梯與地板

綁在一起的書堆

疊起來的木棧板

毛衣

報紙

隔熱層

天搖地動

地震時， 建築物會搖晃甚至倒塌， 但建築師可以利用聰明的技術， 讓建築物屹立不搖。

擺錘

擺錘掛在建築物頂端。 地震時， 擺錘的擺盪方向與建築物的搖動方向相反， 藉此達到平衡。

擺錘　←　　建築物　→

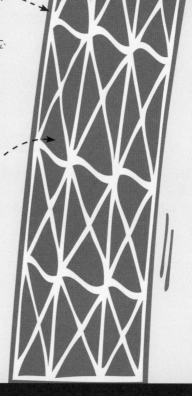

彈性架構

木頭和鋼材結構具有彈性， 在地震時能彎曲。 混凝土和石頭的架構硬脆， 較易斷裂。

斜向支撐

斜向支撐能強化建築物， 讓它更堅固。

減震器

減震器可以裝在建築物和地基之間。 這種結構會隨著地震搖晃， 減動地震對建物的影響。

地基

動手畫畫看

這棟摩天大樓即將坐落在地震風險區，為了讓它能屹立不搖，請為它加上一些安全措施。

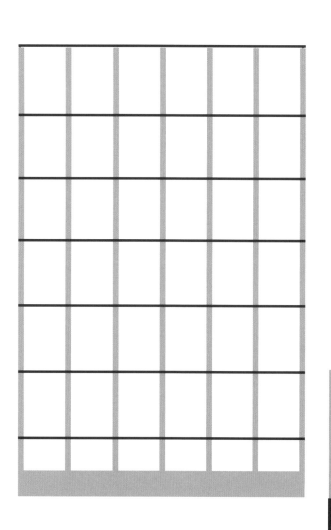

架構的材料：

每增加一項安全措施，就把一顆星星塗滿顏色。

地下屋

陡峭的山坡或是氣候惡劣的地區，房子不適合蓋往地面上，解決辦法通常是往地下發展。

地下屋的好處

陸地是很好的絕緣材料，能讓建築物冬暖夏涼。

地下建築物被土壤包圍，隔音效果更好。

地下建築物不需地基，造價比較便宜。

一些點子

可以從山坡的側面挖洞，把房屋蓋在裡面，或蓋在地下。

如果空間很開闊，可增加柱子，或托架，支撐天花板。

愈深入地下會愈溫暖。可以用抽水機和水管，把地下方的熱水抽出來，讓整棟建築物變暖和。

你的地下屋是一個大房間，還是有隔間？

為了有光線和流通的空氣，記得留一些孔洞，還要有一扇進出的大門。

人造島嶼

世界上的人口不斷增加，海平面也不斷上升，我們需要更多陸地來生活。其中一種方法是在海裡蓋人工島，創造陸地。

建造一座島嶼並不簡單。建築師挑選地點時，必須考慮這些事⋯⋯

新的島嶼會不會傷害附近的野生動物？

海床是否能支撐重量？

這片海域是否常有惡劣天氣或大浪？

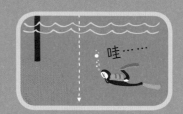

海水有多深？太深的區域無法蓋地基。

哇⋯⋯

在這張地圖上選出適合建造人工島的區域。

海灘

軟海床

硬海床

淺灘

深水區

珊瑚礁保護區

經常有大浪的區域

人工島根據不同使用目的，有各種形狀和大小。

杜拜的棕櫚群島用來蓋豪華飯店和豪宅。從空中往下看，這座群島像一棵巨大的棕櫚樹。

日本建造這座長方形島嶼，是為了建造關西國際機場。

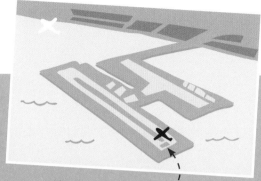

讓飛機起飛的跑道。

動手來設計
自己設計一座人工島。

星形的豪華度假村？

橢圓形的賽車場？

如果這座島是一座城鎮，島上會有哪些建築物？

醫院？

學校？

住家和商店？

如何到達這座島？

有橋樑？

有碼頭讓船停靠？

無障礙的建築

建築師的其中一個工作是讓建築物方便使用，也就是無論年紀、體型、體力和常用的語言，建築師要設法讓每一個人都能輕易使用這棟建築物。

看看下圖中各式各樣的訪客，你會增加什麼設施來符合他們的需求？把它寫下來或畫出來。可以參考最下面的點子，或是自己想一想。

我不會說中文，我找不到出口！

門太窄了，我的電動車會卡不住……

我看不見，該怎麼知道我在哪裡？

樓梯太陡了，我需要可以抓握的設施。

製作模型

建築師在設計的過程中，經常需要製作建築物和周邊環境的比例模型。

利用模型，思考不同的配置。

正面

從不同視角觀察建築物。

側面 1

側面 2

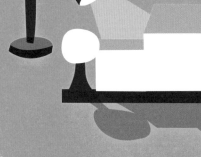

了解光線從不同角度照射，會在哪裡產生陰影。

製作咖啡館模型

利用右頁的樣板，設計一間公園咖啡館，然後依照說明把它做成模型。你可以運用前面學到的知識。

把樣板影印下來，或從 ys.ylib.com/activity/STEAM/ARCH/ 下載。

它的窗戶是什麼樣子？

使用全新或是回收的建材？

建築物能自行產生能源嗎？

磚塊會排列成哪種圖案？

你的設計方便大家使用嗎？

70

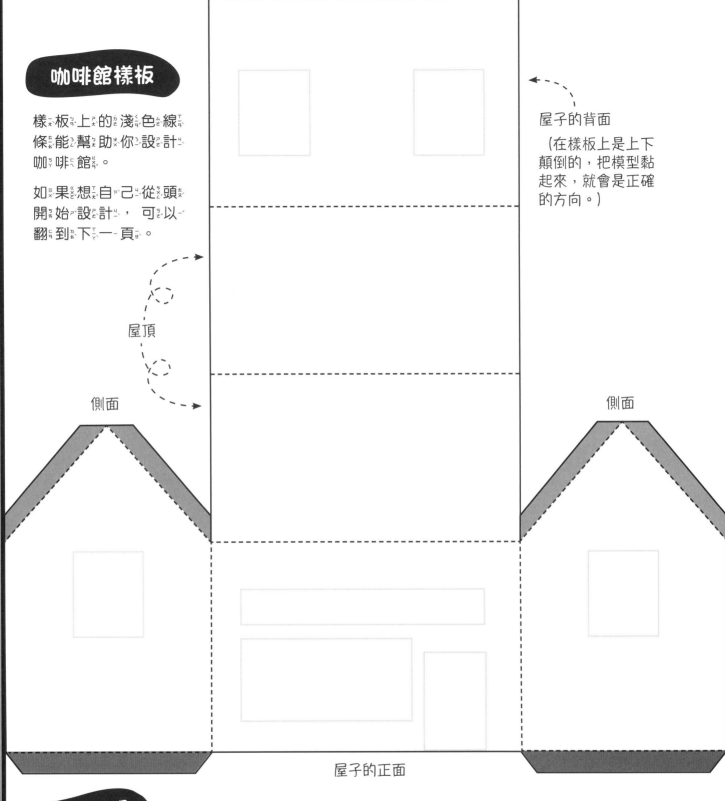

咖啡館樣板

樣板上的淺色線條能幫助你設計咖啡館。

如果想自己從頭開始設計，可以翻到下一頁。

屋頂

側面

側面

屋子的背面

（在樣板上是上下顛倒的，把模型黏起來，就會是正確的方向。）

屋子的正面

製作說明

1

沿著黑色實線剪下樣板。

2

沿著虛線摺疊，做出建築物的外形，讓圖像朝向外側。

3

把藍色標籤朝內黏起來，完成模型。

翻到第 73 頁，看看接下來要做什麼？

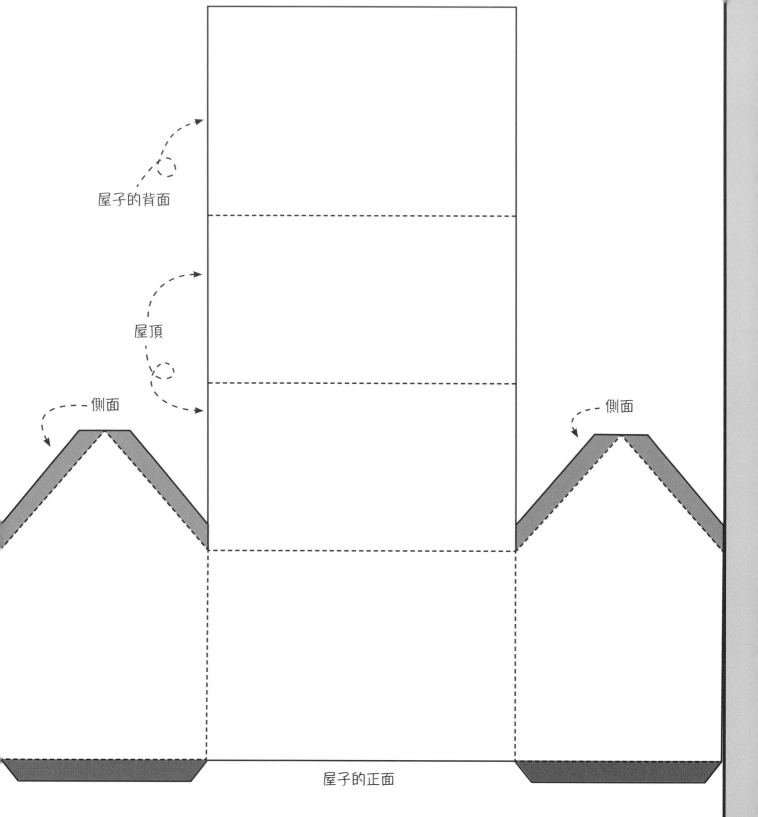

屋子的背面

屋頂

側面

側面

屋子的正面

設計公園

在下面的樣板上標示出咖啡店模型的位置，並在周圍設計公園，然後把模型的紫色標籤黏在這個樣板上。

樣板可用影印的，或從 ys.ylib.com/activity/STEAM/ARCH/ 下載。

你可以加上……

池塘？

祕密花園？

專屬菜圃？

其他設施？

公園樣板

直接利用淺色線條設計公園，或是翻到背面自己設計。

咖啡館的哪一側會照到最多陽光？

老屋改造

建築師不一定總是設計全新的建築，有時會改造舊有建築，保留建築物的歷史風格，創造出新的空間，這叫做適應性再利用。

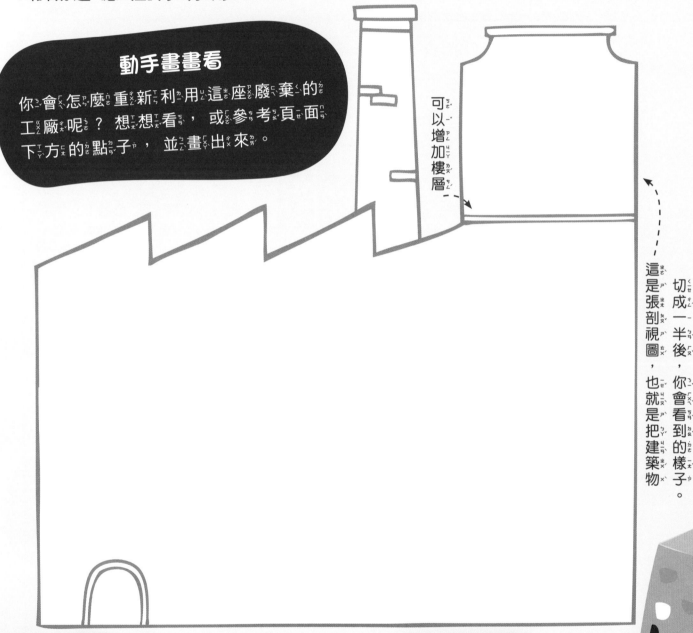

動手畫畫看

你會怎麼重新利用這座廢棄的工廠呢？想想看，或參考頁面下方的點子，並畫出來。

可以增加樓層

切成一半後，你會看到的樣子。這是張剖視圖，也就是把建築物

如果是室內商場……

餐廳？

服飾店？

如果是冒險公園……

跳跳床？

滑板場？

攀岩場？

最重要的事

每一位建築師對於建築物的外觀有截然不同的想法，有些人會用文件發表自己的想法，這就叫宣言。回答下面的問題，試著寫下你的宣言。

你想蓋什麼樣的房子？ 把你喜歡的風格圈起來。

有精緻、鮮明裝飾的建築

或是

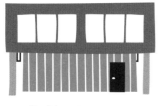

形狀簡單，沒有太多裝飾的建築

可以融入周遭環境的建築

或是

外型看起來特別的建築

不惜成本的豪華建築

或是

友善環境的簡樸建築

在你看過的建築物中， 有任何你不喜歡的地方嗎？ 把你想避開的設計寫在這裡。

談到美， 你會得到無聊的答案，但說到醜，事情就有趣多了。

荷蘭建築師
雷姆·庫哈斯
(1944 年～)

房間的窗戶太少？

不喜歡特定材料，如木頭或大理石？

一棟建築物應該讓身在其中的人有什麼感覺？把你的想法寫下來或畫出來。

安全？

舒適？

受到啟發？

歡迎所有人？

建築跟幸福有關，我認為人們待在一個空間裡，會想要美好的感受。

伊拉克裔英國建築師
札哈‧哈蒂
(1950 ～ 2016 年)

思考上面幾個重點後，請在下面寫出你的建築宣言。

我的建築宣言

我設計的建築物會 _____

_____

_____

我的建築物不會 _____

_____

_____

好的建築物應該讓人們感覺 _____

_____

我的夢想屋

運用你在這本書裡學到的建築技巧，
設計你的夢幻住宅。

外太空？

山上？

你要蓋在哪裡？

街道邊？

水底？

頁面周圍的點子可以幫助你思考。

屋頂游泳池？

影音娛樂空間？

它有什麼特色？

哇呼！

專門給朋友或寵物使用的房間？

地下室？

下樓滑梯？

 樹木？

金磚？

你會使用哪一種建築材料？

貝殼？

鑲嵌玻璃？

法國郵差費迪南·薛瓦勒從 1879 年開始，在自家庭園蓋出自己的夢想屋。

他趁送信的時候蒐集石頭，然後用它們砌成精緻的宮殿，蓋了 33 年才完成！

解答

16～17 鮮明的建築風格

A. 羅馬式建築　　B. 哥德式建築
C. 洛可可建築　　D. 古典建築
E. 現代主義建築

21 冰屋

A：2　B：1　C：4　D：3　E：5

26～27 修復遺跡

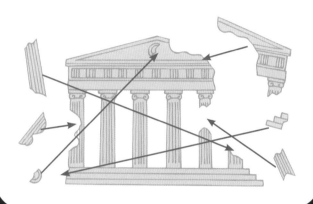

32～33 防範淹水

螃蟹街：1　　　崖邊路：3
鵝卵石路：2

34～35 縮小尺寸

紫色的牆＝ 1.5 公尺／ 150 公分
橘色的牆＝ 8 公尺／ 800 公分
皇冠＝ 23.1 公分
太空裝＝ 165 公分

58～59 造型房屋

鞋子

狗

66～67 人造島嶼

地圖上有這種背景與顏色的地方都適合建造人工島。

圖片來源：p.79–Ferdinand Cheval's dream home © Milosk50/Dreamstime.com.
特別感謝哈佛大學的彼得・呂（Peter Lu）博士提供專家建議，以及愛麗絲・詹姆斯（Alice James）和莎拉・赫爾（Sarah Hull）的內容協力，
還有勞拉・布里奇斯（Laura Bridges）協助設計。

我的 STEAM 遊戲書：建築動手讀

作者／艾迪・雷諾茲（Eddie Reynolds）、達倫・斯托巴特（Darren Stobbart）
譯者／江坤山
責任編輯／盧心潔　封面暨內頁設計／吳慧妮　特約行銷企劃／張家綺
出版六部總編輯／陳雅茜
發行人／王榮文
出版發行／遠流出版事業股份有限公司
地址／臺北市中山北路一段 11 號 13F
郵撥／ 0189456-1　電話／ 02-2571-0297　傳真／ 02-2571-0197
遠流博識網／ www.ylib.com　電子信箱／ ylib@ylib.com
ISBN 978-957-9434-4
2022 年 3 月 1 日初版　定價・新臺幣 450 元
版權所有・翻印必究

ARCHITECTURE SCRIBBLE BOOK By Eddie Reynolds And Darren Stobbart
Copyright: ©2020 Usborne Publishing Ltd.
Traditional Chinese edition is published by arrangement with Usborne Publishing Ltd.
through Bardon-Chinese Media Agency.
Traditional Chinese edition copyright © 2022 YUAN-LIOU PUBLISHING CO., LTD.
All rights reserved.

國家圖書館出版品預行編目（CIP）資料

我的 STEAM 遊戲書：建築動手讀／艾迪・雷諾茲（Eddie Reynolds）等人作；
江坤山譯 . -- 初版 . -- 臺北市：
遠流出版事業股份有限公司 , 2022.03　80 面；　公分 注音版
譯自：Architecture scribble book
ISBN 978-957-32-9434-4（精裝）

1. 科學實驗 2. 通俗作品

303.4　　　　　　　　　　　　　　　111000545